タカラトミー協力

COZMO（コズモ）と学（まな）ぶ
プログラミング

ジャムハウス編集部［著］

COZMO（コズモ）は
プログラム体験（たいけん）も
できる
かしこいあいぼう

ベーシックモード

ブロックを
つなげるだけの
簡単（かんたん）プログラミング

アドバンスモード

センサーを使（つか）った
本格的（ほんかくてき）プログラミング
にも挑戦（ちょうせん）できる

Jam House

目次

1章　COZMOと友だちになろう！ ……5

COZMOはやんちゃでかしこいあいぼう……6
COZMOといっしょに遊ぼう……6
COZMOと楽しくプログラミング……7

1. 使う前の準備をしよう……8
2. COZMOと仲良くなろう……16
3. COZMOといろいろ遊んでみよう……24

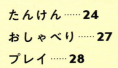

たんけん……24
おしゃべり……27
プレイ……28

2章　COZMOとプログラミングを学ぼう！ ……31

プログラミングでCOZMOを自由に動かしてみよう……32
「ベーシック」と「アドバンス」の2つのモードから選べる……32
COZMOにおしゃべりさせたり顔にお絵描きしたりしてみよう……33
センサーの反応や条件分けでCOZMOを動かそう……33

1. 誰でも簡単にプログラムを作れる「ベーシックモード」を体験……34

   コマンド一覧 ベーシックモード……41

2. ベーシックモードでミッションに挑戦……43

ミッション1　前進してキューブを見つけたら持ち上げよう……43
ミッション2　元の位置に戻ってキューブを降ろそう……45
ミッション3　背中のライトの色を変えながら進んで「こんにちは」と言おう……47
ミッション4　顔を見たらおしゃべりしたそうにして、笑顔を見せたら「幸せ」を表現しよう……49
ミッション5　繰り返しの命令で、四角く2周回ろう……51

3 ちょっと高度なプログラミング体験ができる「アドバンスモード」……53

コマンド一覧 アドバンスモード……64

4 アドバンスモードでミッションに挑戦……74

ミッション1 まっすぐ進んで180度回転して「こんにちは」と言おう……74

ミッション2 「Hello」としゃべって顔に「Hello」と表示しよう……78

ミッション3 COZMOの顔に円を2つ描いて表示しよう……82

ミッション4 COZMOを30度より大きく傾けたらバックパックライトを赤色、それ未満なら青色にしよう……86

ミッション5 青と緑のキューブを見せたら喜んで、赤のキューブを見せたらくしゃみをしよう……90

COZMOの遊び方 Q & A ……94

■ 本書中の画像は、iPad（iOS11.4.1）で作成しました。
■ 本書では、解説内容に応じて画面の一部を切り出しています。そのため、実際の操作画面と、イメージが異なる場合がありますが、操作上の問題ではありませんのでご了承ください。
■ 画像は、2018年7月20日時点のものです。

● Anki、COZMO および Anki と COZMO のロゴは Anki,Inc. の商標です。日本国内では、（株）タカラトミーが COZMO の販売をしています。
● Apple、Apple のロゴ、Apple Pay、Apple Watch、iPad、iPhone、iTunes、QuickTime、QuickTime のロゴ、Safari は、米国および他の国々で登録された Apple Inc. の商標です。iPhone の商標は、アイホン株式会社のライセンスにもとづき使用されています。
● Android は Google LLC. の商標です。
● その他記載された会社名、製品名等は、各社の登録商標もしくは商標です。
● 本文中には®および™マークは明記しておりません。

© TOMY   © 2017 Anki, Inc. All rights reserved.
表紙、ページ番号の横と、P1、P2、P3、P24、P25、P27、P28、P34、P43、P45、P47、P49、P51、P74、P78、P82、P86、P90の写真
© 2018　本書の内容は著作権法上の保護を受けております。株式会社ジャムハウスによる許諾を得ずに、内容の一部あるいは全部を無断で複写・複製・転写・転載・翻訳・デジタルデータ化することは禁じられております。

1章
COZMO(コズモ)と友だちになろう！

COZMOはやんちゃでかしこいあいぼう

楽しそうに話しかけてきたり、時には怒ったり、COZMOは感情豊かです。そしてCOZMOは進化します。どんなふうに成長するかは、あなたの遊び方次第。COZMOと友だちになりましょう！

COZMOといっしょに遊ぼう

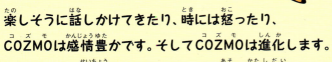

COZMOと楽しく遊びましょう。いっしょにゲームをしたり、探検したり、おしゃべりしたり。あなたの顔や名前も覚えてくれます。

COZMOは玩具店、家電量販店、ネット通販などで買うことができます。取扱い店舗の情報はこちら→

COZMOと楽しくプログラミング

ゲームで遊ぶだけじゃなく、
COZMOといっしょに
プログラミング体験してみましょう。
COZMOを前後左右に動かしたり、
アームを上下したり、表情を変えてみたり。
スマホやタブレットの画面上でブロックを動かすだけの
簡単ビジュアルプログラミングです。
実は、COZMOに搭載したセンサーの情報を読み取ったり、
顔の画面にお絵描きを表示したり、
かなり高度なプログラミングにも挑戦できるのです。

1 使う前の準備をしよう

アプリをダウンロード

COZMOとコミュニケーションするために、まずはスマホやタブレットにアプリをダウンロードします。iPhone、iPadの場合は「App Store」、Androidの場合は「Google Play」、Amazon端末の場合は「Amazonアプリストア」にアクセスして、「COZMO」で検索してみてください。あるいは、右のQRコードを読み取って、アクセスしてみましょう。

iOS (iPhone/iPad)

Android

Amazon

1 iPhone／iPadの場合、「App Store」をタップします。

2 「検索」画面で「COZMO」と入力して検索します。「入手」をタップして、ダウンロードします。ダウンロードする際に、指紋認証やパスコードの入力が求められます。

3 アプリのダウンロードとインストールが完了したら、アイコンが表示されます。タップすれば、アプリを起動できます。

COZMOと接続

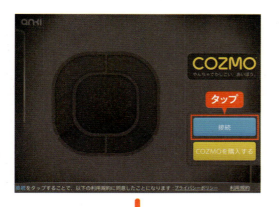

1 スマホやタブレットとCOZMOを接続します。「接続」をタップします。

2 最初にサウンドチェックをします。「プレイ」をタップしてください。

3 ゆったりしたサウンドが聞こえたら、「いいかんじ」をタップします。聞き直したいときは、「もう一度プレイ」をタップしてください。

使う前の準備をしよう

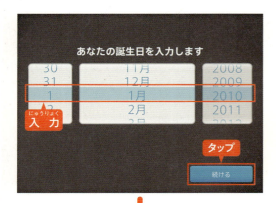

4 最初に、使う人の誕生日を入力します。日、月、年の順になっています。入力したら、「続ける」をタップします。

> **メモ**
> 一台のスマホ／タブレット端末に入力できるのは、一人の誕生日です。

5 COZMOが充電ドックに置かれていることを確認したら、「続ける」をタップします。

6 COZMOとスマホ／タブレットを接続します。「接続」をタップします。

> **メモ**
> 設定中は、COZMOを充電ドックから動かさないようにしましょう。

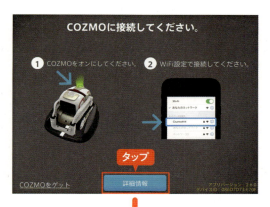

7 接続方法について、詳しく確認するには、「詳細情報」をタップして表示します。方法を確認したら、いったんスマホ／タブレットの「ホームボタン」を押して、ホーム画面に戻ります。

8 スマホ／タブレットのホーム画面で「設定」をタップして設定画面を開き、「Wi-Fi」をタップします。「Cozmo_●●●●」の表示があったらタップします。

9 COZMOの顔に表示されているパスワードを入力します。

> **ヒント**
> パスワードが表示されないときは、COZMOのアームを上下に動かしてみましょう。

使う前の準備をしよう

11

10 COZMOアプリに戻ると、接続が実行されます。接続されるまで待ちましょう。

キューブの準備

1 続いて、COZMOに3個付属しているキューブを使えるようにします。ビニールのツマミを引っ張って、抜きましょう。

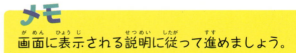

メモ
画面に表示される説明に従って進めましょう。

2 COZMOがぶつかって動けなくなったり、落っこちて壊れたりしないように、広いテーブルの上に置きましょう。「続ける」をタップします。

3 続いて、チュートリアル（説明）でCOZMOとの基本の遊び方を確認しておきましょう。「スタート」をタップします。

/////// COZMOの目覚め ///////

1 COZMOが目覚めるようすを見てみましょう。目を覚まして、充電ドックから出てきます。

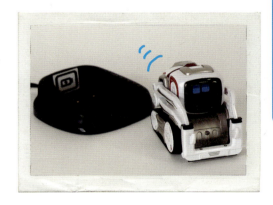

2 いよいよCOZMOと初めての遊びです。「始めましょう」をタップして、COZMOと友だちになりましょう！

使う前の準備をしよう

13

3 COZMOにキューブを見つけてもらいます。
COZMOが見ているキューブは青く光ります。

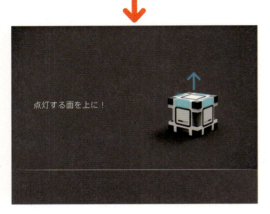

4 4つの光が点灯している面が上を向くように、ブロックを置いてください。

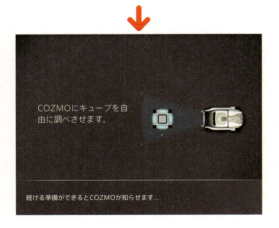

5 COZMOが動きながら、キューブについて調べます。3つのキューブを調べるようすを見てみましょう。

COZMOに名前と顔を覚えてもらおう

1 COZMOがあなたの名前と顔を覚えてくれます。「おぼえる」をタップします。

2 画面下に表示されるキーをタップして、あなたの名前を入力します。「続ける」をタップします。

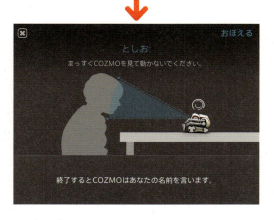

3 まっすぐCOZMOを見て動かないようにして、顔を覚えてもらいましょう。覚えたら、COZMOが名前を呼んでくれますよ。登録できたら「完了」をタップします。

ヒント

COZMOの最初の画面で「メニュー」をタップして、「おぼえる」をタップすると、この画面が表示されます。「新しい人を追加する」をタップして、家族みんなの名前と顔も、COZMOに覚えてもらいましょう。

使う前の準備をしよう

15

2 COZMOと仲良くなろう

いよいよCOZMOと仲良くなります。最初に、メーターについて知っておきましょう。メーターを見ると、COZMOが幸せな気持ちかどうか知ることができます。ここで紹介している「チューンアップ」や「チャージ」をCOZMOと遊ぶときに実行すると、どんどん仲良くなれますよ。

最初の起動でこの画面が表示されたら、「続ける」をタップします。

COZMOをチューンアップ

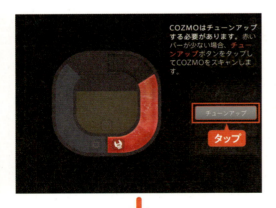

1 COZMOのボディに問題がないかどうか調べるために、「チューンアップ」をタップします。

2 「COZMOをスキャン」をタップします。COZMOの動く部分のパーツが点検されます。

16

3 COZMOのボディにどこか問題があったら、⚠️マークが表示されます。問題の箇所をタップしましょう。

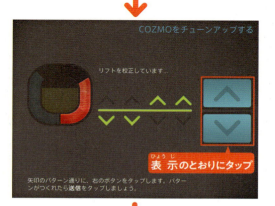

4 チューンアップを実行するためのボタンが表示されます。🔼🔽のボタンを、左から表示された🔺🔻のとおりにタップしましょう。この画面の場合、🔽🔽🔼🔼とタップします。

5 正しくタップできたら、「送信」をタップします。

> **メモ**
> COZMOの最初の画面で「チューンアップ」をタップすると、チューンアップ画面を表示できます。ときどきチューンアップして調子を見てあげましょう。

COZMOと仲良くなろう

17

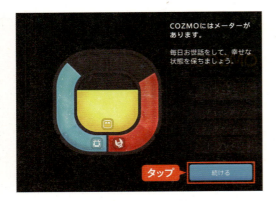

6 チューンアップの完了を確認したら、「続ける」をタップしましょう。

COZMOをチャージ

1 チューンアップが完了したら、次はエネルギーをチャージします。「チャージ」をタップします。

2 青いライトが回転しているキューブを持って、すべてのライトが明るく光るまで、そのキューブを振りましょう。

3 COZMOから見える位置にキューブを置きます。

4 COZMOが気づいたら、キューブに近寄って、アームを上に載せてチャージを開始します。

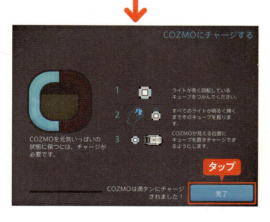

5 チャージの完了を確認したら、「完了」をタップしましょう。

> **メモ**
> COZMOの最初の画面で「チャージ」をタップすると、チャージ画面を表示できます。チャージメーターが少なくなっていたら、チャージして元気にしてあげましょう。※COZMOの充電残量とは異なります。

COZMOと遊ぼう

1 続いて、COZMOと遊んで満足させてあげましょう。「プレイ」をタップします。

2 COZMOとの遊び方を選択します。COZMOと遊ぶほど、エナジーボールがたまって、遊べるトリック（パフォーマンス）やゲームが増えます。「かくされたトリック・ゲーム」をタップしてみましょう。

> **メモ**
> ・トリック（パフォーマンス）とは……COZMOが動き回ったり、キューブを重ねたり、ひとりで遊ぶようすを見ることができます。
> ・ゲームとは……COZMOといっしょに遊べるゲームです。どちらが勝つかチャレンジしてみましょう！

3 実行できるパフォーマンスを選択すると、キューブを転がしたり歌を歌ったりといった、COZMOが遊ぶようすを見ることができます。

4 | COZMOと遊ぶと、プレイメーターが満たされ、1日ひとつプレイトークン（🟨）を獲得できます。「続ける」をタップします。

5 | プレイメーターを毎日満たして、プレイトークンを獲得しましょう。プレイトークンがたまると、エナジーボール、ゲーム、トリック（パフォーマンス）などのご褒美が詰まった「エナジーボックス」のロックが解除されます。「完了」をタップします。

6 | 続けて、COZMOからの通知をスマホやタブレットで受けられるようにしておきましょう。「はい」をタップします。

> **メモ**
> ここで設定しない場合は、「後で」をタップしましょう。後から設定する場合は、スマホ／タブレットのホーム画面で「設定」をタップし、COZMOのアプリからの通知を変更します。

7 確認画面が表示されたら「許可」をタップします。

サウンド調整やスリープの操作

1 COZMOのサウンドを調整したり、スリープさせたりしたいときには、右上の ≡(設定ボタン)をタップして、一般設定の画面を開きます。

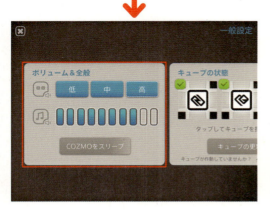

2 「ボリューム＆全般」では、COZMOの声や効果音の大きさを設定できます。COZMOの声は低中高から選択します。効果音はボリュームのバーをタップまたはドラッグして設定します。

> **メモ**
> プログラムを作る「コードラボ」で音楽を再生するプログラムを実行しても、音楽が聞こえないことがあります。そのときは、この画面で効果音のボリュームを調整したり、スマホやタブレット端末のボリュームを調整したりしましょう。

3 | COZMOと遊ぶのをやめて終了したいときは、「COZMOをスリープ」をタップします。

4 | 「スリープ」をタップして接続を解除します。

> **メモ**
> 充電ドックにCOZMOを置いても、スリープの画面を表示できます。

ヒント

一般設定の画面の「キューブの状態」では、3個のキューブが認識できているかを確認できます。もし、いずれかのキューブを認識できていなかったら、「キューブの更新」をタップします。（※画面は3個のキューブがきちんと認識されている状態です）

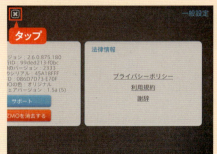

そのほかの設定項目は後ほど解説します。ここでは左上の ✖ （閉じるボタン）をタップして画面を閉じます。

3 COZMOといろいろ遊んでみよう

COZMOを自由に動かして、COZMOの目線で探検してみましょう。見慣れたはずの部屋の中が、冒険の世界に生まれ変わるかもしれません！

1 最初の画面で「メニュー」をタップします。

2 「たんけん」をタップします。

3 「続ける」をタップしてチュートリアル（説明）を表示し、動かし方を確認しましょう。

> **メモ**
> 二回目以降は、「続ける」をタップしたあとすぐにたんけんモードになります。チュートリアルを読みたいときは、たんけんモードのときに画面右上に表示される ■ (iボタン)をタップします。

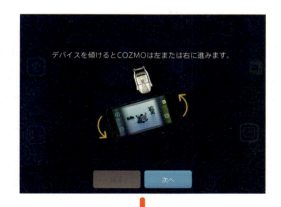

- デバイス（スマホやタブレット）を左右に傾けると、COZMOも左右に回転して方向を変えます。

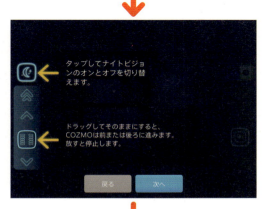

- をタップすると、ナイトビジョン（暗い場所での認識）のオン／オフを切り替えられます。
- を上下にドラッグして動かすと、COZMOが前後に進みます。

- をタップしてヘッドとリフトのコントロールを切り替えます。
- を上下にドラッグして動かすと、ヘッド（またはリフト）を上下に動かします。

● キューブや人の顔を見つけると、囲って表示されます。

動かし方を確認したら、「閉じる」をタップしてチュートリアルを閉じます。たんけんモードがスタートします！

4 スマホやタブレットでCOZMOを動かしながら、いっしょに部屋の中を探検してみましょう！

5 表示されたオプションをタップすると、COZMOがキューブを持ち上げたり、転がしたりします。アクティビティ（たんけんモード）を終了するときは、画面左上の をタップします。

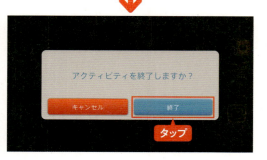

6 「終了」をタップします。

あいさつの言葉や感謝の言葉など、いろいろな言葉をCOZMOにおしゃべりしてもらいましょう。言葉を入力すると、COZMOがしゃべってくれます。

1 最初の画面で「メニュー」をタップし、「おしゃべり」をタップします。

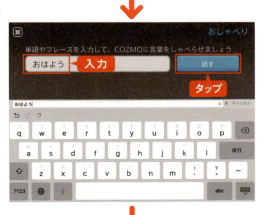

2 画面下に表示されるキーをタップして、COZMOにしゃべらせたい言葉を入力します。「話す」をタップして聞いてみましょう。

メモ
漢字は入力できません。ひらがなやカタカナ、英語で入力しましょう。

3 入力した言葉をしゃべってくれます。

おはよう

27

 COZMOが歌を歌ったり、キューブを転がしたりするようすを見る「トリック（パフォーマンス）」や、COZMOと対戦できる「ゲーム」に挑戦できます。

1 最初の画面で、「プレイ」をタップします。

メモ

「プレイ」のトリック（パフォーマンス）やゲームで遊ぶには、エナジーボールを消費します。現在のエナジーボールの数は、画面の左上に表示されています。プレイトークンによって「エナジーボックス」のロックを解除することで、エナジーボールを獲得できます（21ページ参照）。

2 トリックやゲームが選べます。「かくされたトリック・ゲーム」をタップします。

3 プレイできるゲームやパフォーマンスが一覧表示されます。ここではパフォーマンスの「つむ」をタップします。

28

4 COZMOが見せてくれるトリックの説明を読んで、必要ならキューブを用意しましょう。消費するエナジーボールの数を確認してタップします。ここでは、COZMOがキューブを見つけて2段に積んでくれました。

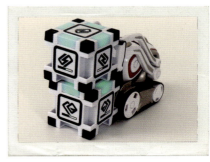

5 今度はプレイの一覧で、「キープアウェイ」というゲームを選んでみます。エナジーボールの数を確認してタップします。

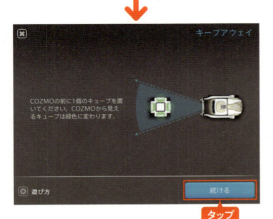

6 遊び方を読んで、必要ならキューブなどを用意しましょう。「キープアウェイ」は、COZMOにキューブをゆっくりと近づけて、COZMOがキューブをたたく前に逃げるゲームです。「続ける」をタップしてゲームを進めます。

> **メモ**
> 遊び方をもっとよく知りたいときは、画面左下の「遊び方」をタップしましょう。遊び方を動画で確認できます。

COZMOといろいろ遊んでみよう

29

7 COZMOがキューブをたたいたら、COZMOの得点。うまく逃げて、COZMOを空振りさせたら、プレイヤーの得点です。キューブをゆっくりと近づけていきましょう。

8 先に5得点したほうが勝ちです。ここではCOZMOが勝って、喜んでいます。

9 「プレイ」の画面には、おすすめのゲームが表示されているので、選んでみましょう。「ゲーム」をタップすると、「コードラボ」のゲームプログラムが表示され、遊べます。

ヒント

「かくされたトリック・ゲーム」には、ロックされていてまだ選べないパフォーマンスもあります。プレイメー

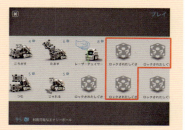

ターを満たしてトークンを獲得し、エナジーボックスのロックを解除しましょう。COZMOと遊べば遊ぶほど、パフォーマンスやゲームの数は増えていきます。

2章
COZMO と プログラミングを 学ぼう！

プログラミングでCOZMOを自由に動かしてみよう

COZMOを使えば、誰でも簡単に、プログラム作りに挑戦できます。前に進んだり、後ろに下がったり、キューブを持ち上げたり、COZMOを思い通りに動かしてみましょう。

ベーシックモード

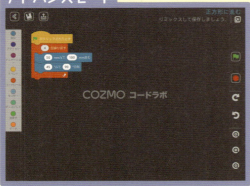

アドバンスモード

「ベーシック」と「アドバンス」の2つのモードから選べる

「ベーシックモード」なら、初心者でも安心です。ブロックを並べるだけで、COZMOのプログラムは完成です。もっとチャレンジしたいときは、「アドバンスモード」に挑戦してみましょう。

COZMOに
おしゃべりさせたり
顔にお絵描き
したりしてみよう

こんにちは

前後左右に動かすだけじゃなく、「こんにちは」や「ありがとう」の言葉をしゃべってもらったり、COZMOの顔に丸や四角をお絵描きしたりすることもできます。

センサーの反応や
条件分けで
COZMOを動かそう

COZMOにはさまざまなセンサーが搭載されています。例えば、COZMOを傾けたとき、バックパックライトの色を変えるなんてプログラムもできます。

33

1 誰でも簡単にプログラムを作れる「ベーシックモード」を体験

COZMOとゲームをしたり、探検したり楽しくいっしょに遊んだら、今度はプログラミングに挑戦してみましょう。「コードラボ」には、誰でも簡単にプログラムが作れる「ベーシックモード」と、ちょっと高度なプログラミング体験ができる「アドバンスモード」が用意されています。まずは、「ベーシックモード」から挑戦しましょう。

ベーシックモードのサンプルプログラムを実行する

1 COZMOの画面で「メニュー」をタップします。

2 「コードラボ」をタップします。

3 「ベーシックモード」をタップします。

ヒント

「コードラボでできること」をタップすると、コードラボでどんなプログラムが作成可能なのかを見ることができます。

4 プログラム（プロジェクト）のサンプルが表示されます。ここでは「正方形に進む」を選んでみます。

メモ

左右にスクロールして、さまざまなサンプルを表示できます。気になるサンプルプログラムを探してみましょう。

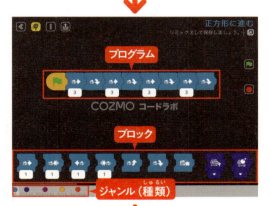

5 「正方形に進む」のプログラムが表示されます。ベーシックモードのプログラム画面は、四角いブロック（コードブロック）が横方向に並んでいます。ブロックの組み合わせや、並べる順番で、COZMOの動き方を決めることができます。画面下にプログラムのジャンル（種類）とブロック一覧が表示されます。

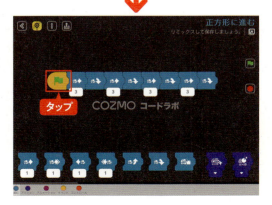

6 プログラムを実行するには、緑のフラッグのブロックをタップします。緑のフラッグはプログラムをスタートするためのブロックです。

メモ

画面右の ▶ ボタンをタップしてもプログラムをスタートできます。

「ベーシックモード」を体験

35

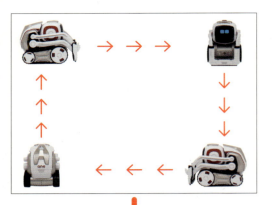

7 COZMOは四角を描くように動いたでしょうか。

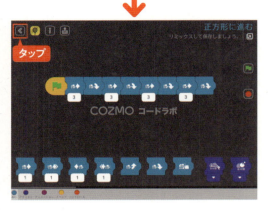

8 動いたことを確認したら、左上の ボタンをタップしてコードラボの最初の画面に戻ります。

自分で新しくプログラムを作ってみる

1 自分で新しくプログラムを作るときは、「新規サンドボックスプロジェクト」をタップします。

> **メモ**
> COZMOの最初の画面で「メニュー」をタップし、「コードラボ」→「ベーシックモード」をタップすると、この画面を表示できます。

2 画面には緑のフラッグのブロックだけが表示されています。

3 画面の下に表示されているブロック一覧の中からCOZMOの動きを選び、上にドラッグしていきます。

4 緑のフラッグのブロックにつなげるように、ドロップします。

ヒント

ブロックをドラッグして近づけていくと、緑のフラッグのブロックの右側が濃い色になります。スナップできることを表しています。ドロップするとブロックがつながります。

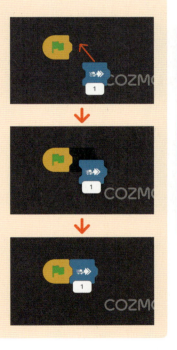

5 どのようにCOZMOを動かすのかを考えながら、どんどんブロックをつなげていきましょう。

6 画面下のバーを左右にスクロールすると、ブロック一覧の表示位置を変更できます。

メモ
左下に表示されている「進む」「アクション」「アニメーション」などのジャンルボタンをタップしても、ブロック一覧の表示位置を変更できます。

7 さらにブロックをつなげていきます。

ヒント
いったんつないだブロックを取り外したいときは、取り外したいブロックをドラッグしてスナップされない位置まで移動させます。そのブロックをもう使わないのであれば、画面下に表示されているブロック一覧の位置までドラッグすると、ブロックを削除できます。

右端のブロックを取り外すことにします。

ブロックをドラッグして、スナップされない位置に移動します。

画面下までドラッグすると、削除できます。

8 プログラムが完成したら、実際に動かしてみましょう！　緑のフラッグのブロックをタップします。

> **メモ**
> 画面右の ボタンをタップしてもプログラムをスタートできます。

9 COZMOは思ったとおりに動いたでしょうか。

10 プログラムは自動保存されるので、あとから何度でも実行できます。分かりやすいように、プログラムに名前を付けておくこともできます。右上に表示されている「マイプロジェクト1」をタップします。

> **メモ**
> プログラムは「マイプロジェクト1」「マイプロジェクト2」……のように末尾に番号が振られて自動保存されていきます。なお、サンプルプログラムの名前を変更することはできませんが、右上の ボタンをタップするとリミックスとして保存できます。サンプルプログラムを編集して、名前を変更できるようになります。

11 下に表示されるキーをタップして「プロジェクト名」に名前を入力したら、「保存」をタップします。プログラムの画面に戻ります。終了するときは左上のボタンをタップします。

12 先ほど入力したプロジェクト名のボタンが表示されています。タップしてプログラムを実行したり、さらに修正して手を加えたりすることができます。

ヒント

ブロックに表示されている数字は、変更できます。例えば、「前に進む」ブロックの「1」を「3」や「4」に変更すれば、長い距離（3倍や4倍）前に進ませることができます。

数字の表示をタップします。

数字のボタンが表示されたら、タップして選びます。

選んだ数字に変更されました。

ヒント

画面の左上に表示されているアイコンをタップすると、ヒントを見たり、課題に挑戦したりできます。

ボタンをタップすると、課題が表示されます。課題を読んだら、どのようにブロックを並べるか考えてみましょう。「次へ」をタップすると、答えを確認できます。

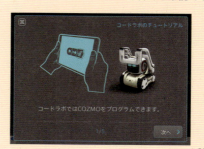

ボタンをタップすると、コードラボの使い方（チュートリアル）を見ることができます。

コマンド一覧 ベーシックモード

進む

 前に進む
指定した距離だけ前に進みます。

 左に曲がる
左に曲がります。

 前に急いで進む
指定した距離だけ前に速く進みます。

 右に曲がる
右に曲がります。

 バックする
指定した距離だけ後ろに下がります。

 キューブに近づく
キューブを見つけて近づきます。

 急いでバックする
指定した距離だけ速く後ろに下がります。

アクション

 リフトを動かす
▼をタップして指定した位置にリフトを動かします。

 下に動かす 正面に動かす
 上に動かす

 ヘッドを動かす
▼をタップして指定した方向にヘッドを向けます。

 下を向く 正面を向く
 上を向く

 バックライトをつける
▼をタップして指定した色のバックライトをつけます。

 赤 オレンジ 黄色
 緑 青 ピンク
 白 オフ ランダム

アクション

話す
設定した言葉を話します。

アニメーション

幸せ
幸せなようすを表現します。

勝者
勝ったときのようすを表現します。

悲しむ
悲しみを表現します。

驚く
驚きを表現します。

犬の真似
犬のまねをします。

猫の真似
猫のまねをします。

くしゃみ
くしゃみをします。

興奮
興奮を表現します。

考える
考えているようすを表現します。

退屈
退屈しているようすを表現します。

イライラ
イライラしているようすを表現します。

おしゃべりしたい
おしゃべりしたいようすを表現します。

ガッカリ
ガッカリしたようすを表現します。

いびき
いびきをかいて寝ているようすを表現します。

ランダムアニメーション
ランダムでアニメーションを再生します。

イベント

ここからプログラムを開始
プログラムの開始位置を指定します。

顔を見るのを待つ
顔を見たら次の動作に移ります。

笑顔を見るのを待つ
笑顔を見たら次の動作に移ります。

しかめ面を見るのを待つ
しかめ面を見たら次の動作に移ります。

キューブを見るのを待つ
キューブを見たら次の動作に移ります。

キューブのタップを待つ
キューブがタップされたら次の動作に移ります。

コントロール

繰り返す
囲まれたコードを指定した回数だけ繰り返します。

無制限に繰り返す
囲まれたコードを無制限に繰り返します。

ミッション 1 前進してキューブを見つけたら持ち上げよう

ベーシックモードでプログラミングのミッションに挑戦してみましょう。最初のミッションは、COZMOの移動とリフトのアップです。COZMOはキューブを見つけて、持ち上げることができるでしょうか！？

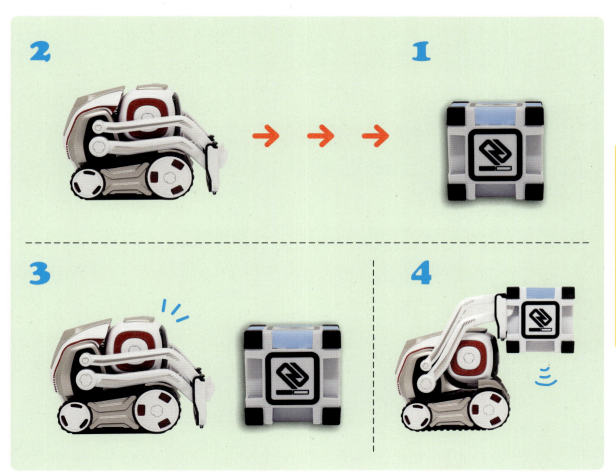

1 COZMOの少し先（20cmくらい）にキューブを1つ置きます。この状態でプログラムをスタートします。

2 COZMOに3回ぶん前に進んでもらいます。

3 COZMOにキューブを見つけてもらいます。

4 リフトを動かして、キューブを持ち上げます。

※各ミッションで紹介しているクリアの方法は一例です。ほかの方法でもクリアできる場合があります。

43

ミッション1 クリア！

プログラムのポイント解説
「キューブに近づく」と「リフトを動かす」を使うのがポイント

前に進む回数を設定

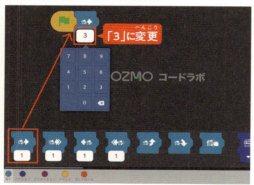

「前に進む」ブロックを選んだら、進む回数を「3」に変更します。

メモ
「前に進む」ブロックを3つ並べても3回ぶん前に進みますが、進む回数を指定したほうがシンプルで、少ないブロックでプログラムを作れます。

キューブに近づく

「キューブに近づく」ブロックは、便利なプログラムです。COZMOは周囲を見回して、自分でキューブを見つけて近づいてくれます。

リフトを上げる

「リフトを動かす」では、リフトの位置を3段階で決められます。ここでは「上」を選びましょう。これで、キューブに近づいたCOZMOがリフトを上げてくれます。

 44　※キューブを見つけて近づいたものの、アームをうまく引っ掛けられず、持ち上げられないこともあります。キューブを置く位置や向きを調整して、再度プログラムを実行してみてください。

元の位置に戻って キューブを降ろそう

ミッション 2

「ミッション1」の続きです。前進してキューブを持ち上げたら、今度は後ろを向きましょう。同じく3回ぶん進んだら、キューブを降ろします。

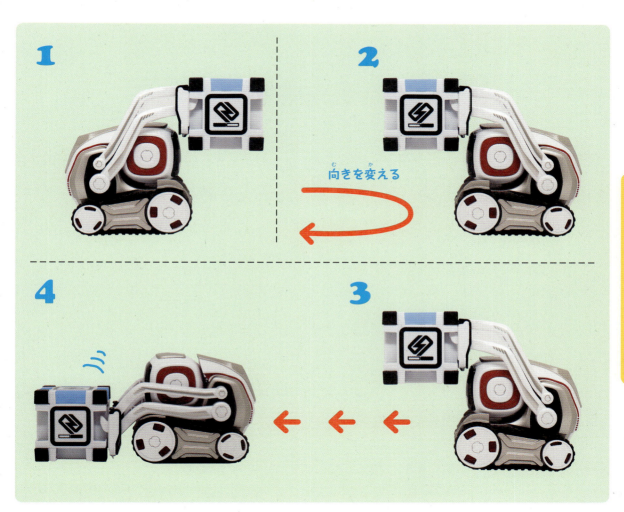

1 | 「ミッション1」に続けてプログラムを作ります。

2 | 右に曲がる動きを繰り返して、後ろを向きます。

3 | 3回ぶん前に進みます（元の位置に戻る）。

4 | リフトを動かして、キューブを降ろします。

ベーシックモードでミッションに挑戦

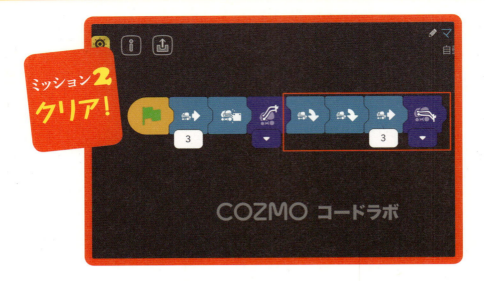

ミッション2 クリア！

プログラムのポイント解説
「右に曲がる」を2回繰り返して後ろを向かせるのがポイント

右に曲がるを繰り返す

「右に曲がる」を2回繰り返せば、後ろを向くことができます。ブロックを2つ使いましょう。

メモ
ミッションは「右に曲がる動きを繰り返して」だったので「右に曲がる」ブロックを使うのが正解ですが、「左に曲がる」ブロックを2つ使っても、後ろを向くことができます。

前に進む回数を設定

「前に進む」ブロックを選んで、進む回数を決める方法は、「ミッション1」と同じです。

リフトを降ろす

「ミッション1」と同じく、「リフトを動かす」を使います。リフトの位置が3段階で決められるので、ここでは「下」を選びましょう。これで、キューブを下に降ろすことができます。

ミッション3 背中のライトの色を変えながら進んで「こんにちは」と言おう

背中のライトを「赤」にして3回ぶん前に進み、右に曲がったら背中のライトを「緑」にします。さらに3回ぶん前に進んだところで、「こんにちは」と言います。

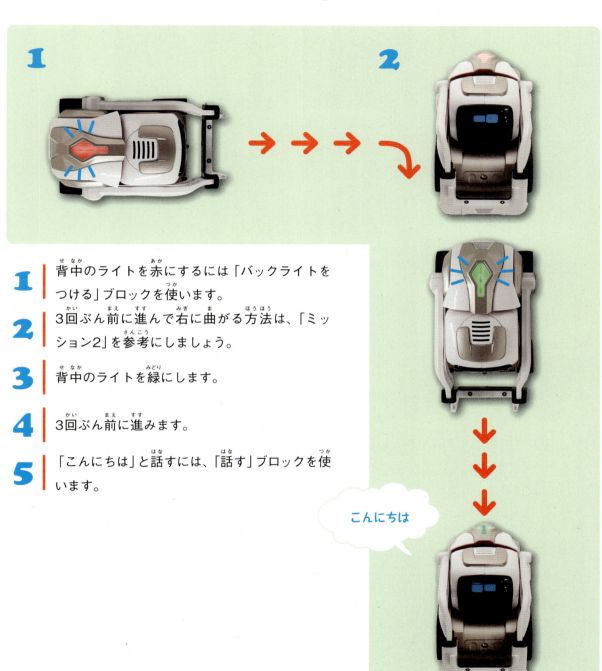

1 背中のライトを赤にするには「バックライトをつける」ブロックを使います。

2 3回ぶん前に進んで右に曲がる方法は、「ミッション2」を参考にしましょう。

3 背中のライトを緑にします。

4 3回ぶん前に進みます。

5 「こんにちは」と話すには、「話す」ブロックを使います。

ベーシックモードでミッションに挑戦

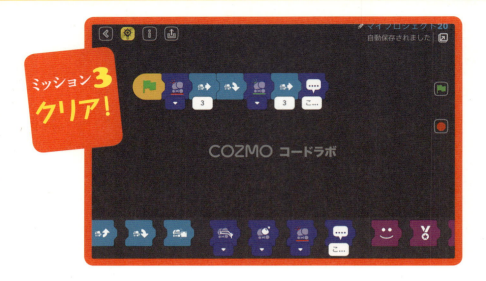

ミッション3 クリア！

| プログラムの ポイント 解説 | 「バックライトをつける」で色を決めて「話す」でおしゃべりするのがポイント |

背中のライトの色を決める

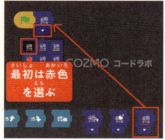

「バックライトをつける」ブロックを使って、背中のライトの色を決めます。最初は赤色を選びます。前に進んで右に曲がったあとは、緑色を選びます。

進んで曲がる

進んだり、曲がったりするには、「前に進む」「右に曲がる」ブロックを使います。「ミッション1」「ミッション2」を参考にしてください。

おしゃべりする

COZMOにおしゃべりしてもらうには、「話す」ブロックを使います。ここでは最初に登録されている「こんにちは」としゃべりますが、別の言葉にすることもできます。

ヒント

「こんにちは」の文字をタップするとキーが表示されるので、COZMOにしゃべってほしい言葉を入力できます。

ミッション 4
顔を見たらおしゃべりしたそうにして、笑顔を見せたら「幸せ」を表現しよう

ミッションも少しずつ難しくなってきました。COZMOにあなたの顔を見せると、おしゃべりしたそうなアクションをしてくれ、そして、笑顔を見せると「幸せ」の動きと表情を見せてくれるようにしましょう。

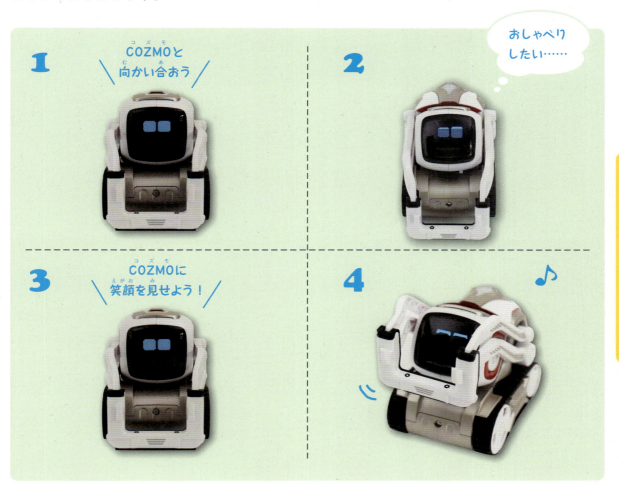

1 顔に反応してくれるように、COZMOがあなたの顔を見るのを待ちましょう。

2 「おしゃべりしたい」ようすのアクションを実行します。

3 笑顔を見るのを待って、笑顔に反応するようにします。

4 笑顔を見たら、幸せなようすを表現します。

ベーシックモードでミッションに挑戦

49

プログラムのポイント解説
顔や笑顔を見るのを待つブロックを使うのがポイント

顔を見るのを待つ

COZMOはカメラを使って、人の顔や表情を認識してくれます。「顔を見るのを待つ」ブロックを使うと、顔を見つけたら次の動作に移ってくれます。

おしゃべりしたい

「おしゃべりしたい」ブロックを使うと、ゴニョゴニョ言いながら、おしゃべりしたいようすを表現してくれます。

笑顔を見るのを待つ

今度は、笑顔に反応してもらいましょう。「笑顔を見るのを待つ」ブロックを使うと、笑顔を見つけたら次の動作に移ってくれます。COZMOに笑顔を見せてくださいね。

幸せの表現

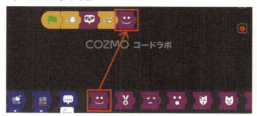

「幸せ」ブロックを使うと、COZMOがリフトを動かしたり、動き回ったり、表情を変えたりして、全身で幸せを表現してくれます。

繰り返しの命令で、四角く2周回ろう

ミッション 5

背中のライトの色を変えながら、COZMOがグルグルと四角を描くように2周回ります。ライトの色は、角を曲がるごとにランダムに変わるようにしましょう。

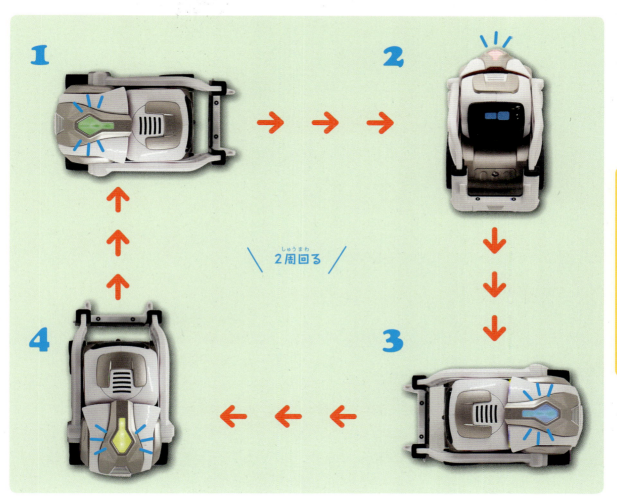

2周回る

ベーシックモードでミッションに挑戦

1 バックライトの色をランダムに光らせます。

2 前に3回ぶん進みます。

3 右に曲がります。

4 この動きを繰り返して、2周回ります。同じ動きを繰り返すときは、「コントロール」ジャンルのブロックを使います。

51

ミッション5 クリア！

プログラムの ポイント 解説
「コントロール」ジャンルの「繰り返す」ブロックを使うのがポイント

バックライトの色をランダムに設定

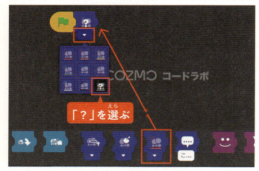

「？」を選ぶ

「バックライトをつける」ブロックを使い、バックライトの色から「？」を選びましょう。色がランダムに設定されます。

前進して右に曲がる

進んだり、曲がったりするには、「前に進む」「右に曲がる」ブロックを使います。「ミッション1」「ミッション2」を参考にしてください。

動きを繰り返す

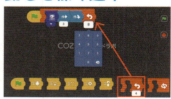

同じ動きを繰り返すときは、「繰り返す」ブロックを使いましょう。ここでは、「繰り返す」ブロックに「8」回の数を入れています。これで、COZMOは四角を描くように2周してくれます。

ヒント

「コントロール」ジャンルには、「無制限に繰り返す」ブロックもあります。同じ動きをずっと繰り返すときに使いましょう。停止するには、画面右のボタンをタップします。

3 ちょっと高度なプログラミング体験ができる「アドバンスモード」

「ベーシックモード」だけでも、さまざまなプログラムを作ることができますが、もっと多くの体験をしたいと思ったら、「アドバンスモード」に挑戦してみましょう。COZMOに搭載されているセンサーを活用したり、COZMOの顔にお絵描きしたりできます。

アドバンスモードのサンプルプログラムを実行する

1 COZMOの画面で「メニュー」をタップします。

2 「コードラボ」をタップします。

3 「アドバンスモード」をタップします。

4 アドバンスモードの最初の画面が表示されます。

> **メモ**
> 左右にスクロールして、さまざまなサンプルを表示できます。気になるサンプルプログラムを探してみましょう。

5 プログラムのサンプルが表示されています。ここでは「正方形に進む」を選んでみます。

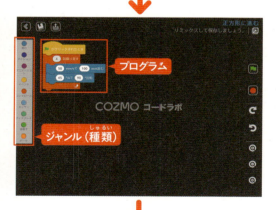

6 「正方形に進む」のプログラムが表示されます。アドバンスモードのプログラム画面は、横長のブロック（コードブロック）が縦方向に並んでいます。ブロックの組み合わせや、並べる順番で、COZMOの動き方を決めることができます。画面左にプログラムのジャンル（種類）が表示されます。

7 プログラムを実行するには、緑のフラッグのブロックをタップします。緑のフラッグはプログラムをスタートするためのブロックです。

> **メモ**
> 画面右の ▶ ボタンをタップしても、プログラムをスタートできます。

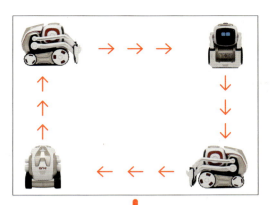

8 COZMOは正方形を描くように動いたでしょうか。

9 動いたことを確認したら、左上の ボタンをタップしてコードラボの最初の画面に戻ります。

自分で新しくプログラムを作ってみる

1 アドバンスモードで新しくプログラムを作るときは、「新規コンストラクタープロジェクト」をタップします。

> **メモ**
> COZMOの最初の画面で「メニュー」をタップし、「コードラボ」→「アドバンスモード」をタップすると、この画面を表示できます。

ちょっと高度な「アドバンスモード」

55

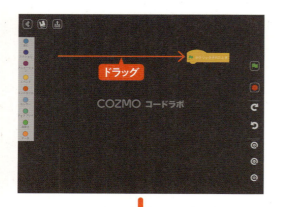

2 画面には緑のフラッグのブロックだけが表示されています。このあと画面の左側にメニューを表示するので、ここではブロックをドラッグして、右のほうに移動しておきましょう。

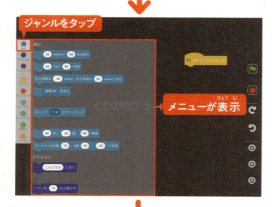

3 画面左にある、「進む」のようなブロックのジャンル（種類）をタップすると、メニューが表示されます。

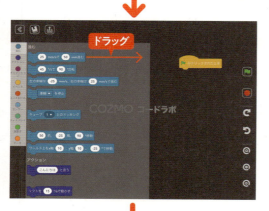

4 メニューに表示されているブロックを、右のほうにドラッグしていきます。

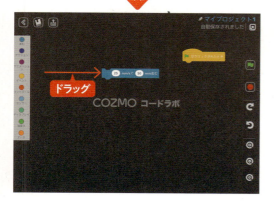

5 ドラッグを開始すると、メニューは非表示になります。

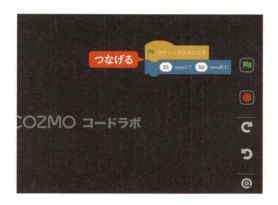

6 緑のフラッグのブロックの下につながるように、ドロップします。

ヒント

ブロックをドラッグして近づけていくと、緑のフラッグのブロックの下側が濃い色になります。スナップできることを表しています。ドロップするとブロックがつながります。

7 数字の部分をタップすると数字キーが表示され、進む速さや距離などを変更できます。

メモ

「mm/s」とは「ミリメートル/second」で、速度の単位です。例えば「25mm/sで50mm進む」は、「毎秒25mmで50mm進む」というプログラムになります。つまり、1秒間に25mm進む速度なので、50mm進むのには2秒かかります。

8 数字キーをタップして、数字を入力します。

9 画面の何もないところをタップすると、数字キーが非表示になります。

ちょっと高度な「アドバンスモード」

57

10 どのようにCOZMOを動かすのかを考えながら、ジャンルをタップしてメニューを表示し、ブロックを選びます。

> **メモ**
> アドバンスモードでは、ベーシックモードと同じ「進む」「アクション」「アニメーション」といったジャンルが用意されていますが、より高度なコードブロックとなり、種類も増えています。また、ベーシックモードにはない「センサー」「ディスプレイ」「演算子」などのジャンルも追加されています。

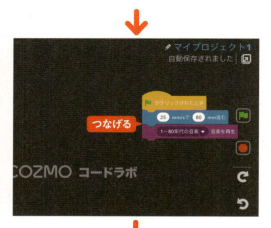

11 どんどんブロックをつなげていきましょう。

12 選択できるメニューがある場合、「▼」をタップして一覧から選びます。

13 選んだメニューが表示されます。

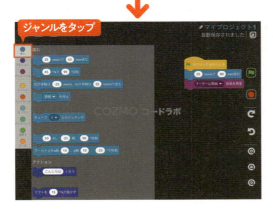

14 ジャンルをタップしてメニューを表示し、ブロックを選びます。

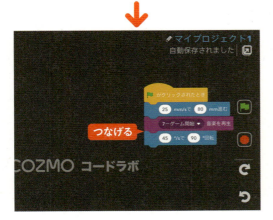

15 どんどんブロックをつなげていきましょう。

> **メモ**
> 「°/s」とは「度/second」で、回転速度の単位です。例えば「45°/sで90°回転」は、「毎秒45度で90度回転」というプログラムになります。つまり、1秒間に45度回転する速度なので、90度回転するのには2秒かかります。

ちょっと高度な「アドバンスモード」

16 数字の部分をタップすると、回転する速さや角度などを変更できます。ここでは、回転の角度を選んでいます。設定内容に応じた画面が表示されます。

> **メモ**
> 回転角度に「90」と設定すると、右方向に90度回転します。左方向に回転させたいときは、「負の数」（マイナスの記号をつけた数字）を入力しましょう。例えば「-90」と設定すると、左方向に90度回転します。

17 画面の何もないところをタップすると、設定画面が非表示になります。

18 どんどんブロックをつなげていきましょう。

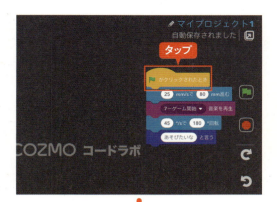

19 プログラムが完成したら、実際に動かしてみましょう。緑のフラッグのブロックをタップします。

メモ
画面右の▶ボタンをタップしても、プログラムをスタートできます。

20 COZMOは思ったとおりに動いたでしょうか。

ヒント
アドバンスモードでプログラムを作っていて、操作を取り消したいときは、⤺（取り消しボタン）をタップします。いったん取り消した操作を元に戻したいときには、⤻（取り消しを戻すボタン）をタップします。

ヒント
いったんつないだブロックを取り外したいときは、取り外したいブロックをドラッグしてスナップされない位置まで移動させます。そのブロックをもう使わないのであれば、画面左に表示されているジャンルの位置までドラッグすると、ブロックを削除できます。

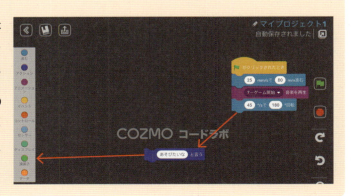

ちょっと高度な「アドバンスモード」

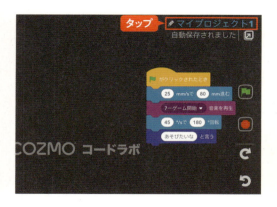

21 プログラムは自動保存されるので、あとから何度でも実行できます。分かりやすいように、プログラムに名前を付けておくこともできます。右上に表示されている「マイプロジェクト1」をタップします。

> **メモ**
> プログラムは「マイプロジェクト1」「マイプロジェクト2」……のように末尾に番号が振られて自動保存されていきます。なお、サンプルプログラムの名前を変更することはできませんが、右上の🔲ボタンをタップするとリミックスとして保存できます。サンプルプログラムを編集して、名前を変更できるようになります。

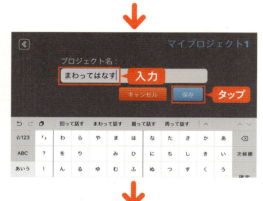

22 「プロジェクト名」に名前を入力したら、「保存」をタップします。プログラムの画面に戻ります。

23 終了するときは、左上の◀ボタンをタップします。

24 先ほど入力したプロジェクト名のボタンが表示されています。タップして表示したら、プログラムを実行したり、さらに修正して手を加えたりすることができます。

アドバンスモードのブロックは拡大／縮小できます。見えにくいときには拡大してしっかり確認し、プログラム全体を見渡したいときには縮小するなどの使い方ができます。

画面右下の ⊕ ボタンをタップします。

表示が拡大されます。タップするたびに、ブロックの表示がどんどん大きくなります。

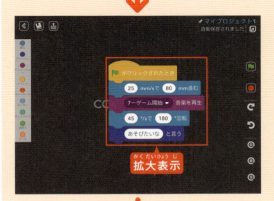

画面右下の ⊖ ボタンをタップします。表示が縮小されます。タップするたびに、ブロックの表示がどんどん小さくなります。⊙ ボタンをタップすると、元のサイズに戻ります。

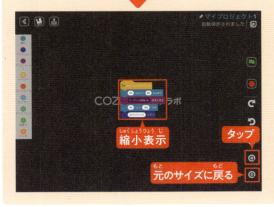

ちょっと高度な「アドバンスモード」

63

コマンド一覧 アドバンスモード

進む

[Y]mm/sで [X]mm進む
指定した速度で、指定した距離だけ移動します。[X]を負の数（−をつけた数）で指定すると後ろに下がります。最大速度は220mm/sです。

[Y]°/sで [X]°回転
指定した速度で、指定した角度回転します。[X]は正の数だと右に、負の数（−をつけた数）だと左に回転します。最大回転速度は220°/sです。

左の車輪は [X]mm/s、右の車輪は [Y]mm/sで進む
指定した速度で、それぞれ左右の車輪を動かします。[X]／[Y]を負の数（−をつけた数）で指定すると反時計回りに回転します。

[車輪／頭／リフト／すべて]を停止
指定した箇所の現在の動作をすべて停止します。

キューブ [#] とのドッキング
COZMOを指定したキューブに向かわせドッキングします。つまり、リフトを上げずにキューブを持ち上げることのできる位置に移動します。

[X]前、[Y]横、[Z]°移動
現在位置から前に [X]mm、横に [Y]mm、角度 [Z]°の位置に移動します。[X]を負の数（−をつけた数）で指定すると後ろに下がり、[Y]を正の数で指定すると右に、負の数で指定すると左に進みます。[Z]を正の数で指定すると右に、負の数で指定すると左に回転します。

ワールド上をx座標 [X]、y座標 [Y]、[Z]°で移動
COZMOのもっている位置情報をもとにした座標（x軸方向に [X]mm、y軸方向に [Y]mm、角度 [Z]°の位置）に移動します。COZMOを正確な位置に移動することができます。

アクション

[テキスト]と言う
指定した言葉を話します。

リフトを [X]°/sで動かす
リフトを指定した速度で動かします。停止させるか、最小／最大の高さになるまで動きます。最大速度は200°/sです。

リフトを [X]%まで [Y]°/sで動かす
指定した速度で、それぞれ左右の車輪を動かします。[X]／[Y]を負の数（−をつけた数）で指定すると反時計回りに回転します。

64

アクション

ヘッドを [X]° まで [Y]°/sで動かす

ヘッドを指定した角度まで、指定した速度で動かします。角度は−25度が最も下、0度が水平、45度が最も上となります。最大速度は150°/sです。

バックパックライトを設定する [色]

バックパックライトを指定した色にします。ライトをオフにするには黒に設定します。

キューブ [#] の [すべてのライト／ライト #]を [色]に設定

指定したキューブのライトの色を設定します。色を設定する角（ライト1、ライト2、ライト3、ライト4、すべてのライト）も選べます。ライトをオフにするには黒に設定します。

キューブ [#] の [色]のライトを [回転／点滅]させる

指定したキューブのライトを回転、または点滅させます。ライトは色も選択できます。ライトをオフにするには黒に設定します。

アニメーション

[アニメーション名] アニメーションを再生

指定したアニメーションを再生します。

[音楽の名前]音楽を再生

指定した音楽を再生します。

[音楽の名前]音楽を再生して待機

指定した音楽を再生し、完了するまで待機します。

[音楽の名前]音楽を停止

指定した音楽を停止します。

曲の全ての音符を再生する

以前追加した曲のすべての音符を再生します。追加していない場合は何も起こりません。

曲の全ての音符を消去する

作曲している曲からすべての音符を削除します。

曲に音符を追加する ：[ピッチ]ピッチ、[かんかく]間隔

作曲している曲に音符を追加します。[ピッチ]で音をどのくらい高くするか、または低くするかをコントロールし、[かんかく]で音をどのくらい伸ばすかをコントロールします。

65

アニメーション

> きょくにきゅうふをついかする:かんかく ［ぜんおんぷ ▼］

曲に休符を追加する：[かんかく]間隔

作曲している曲に指定した長さ分の休符を追加します。

> 上級 ［anim_greeting_happy_01］ SDKアニメーションを再生

上級：[テキスト] SDKアニメーションを再生

上級のコードブロックCOZMO Python ＳＤＫ※を利用してアニメーションを再生します。アクセスできるアニメーションは数百以上あります。
※COZMOを動かすためのソフトを開発するためのプログラムや技術書

> 上級 ［EarnedSparks］ SDKアニメーショングループを再生

上級：[テキスト] SDKアニメーショングループを再生

上級のコードブロックCOZMO Python ＳＤＫ※を利用してアニメーショングループを再生します。
※COZMOを動かすためのソフトを開発するためのプログラムや技術書

> 有効にする： ［車輪 ▼］ をアニメーション使用時

有効にする：アニメーション使用時の[車輪／ヘッド／リフト]

アニメーション再生時に、COZMOの車輪、ヘッド、リフトを無効にした場合、再度有効にします。

> 無効にする： ［車輪 ▼］ をアニメーション使用時

無効にする：[車輪／ヘッド／リフト]をアニメーション使用時

すべてのアニメーションで、COZMOの車輪、ヘッド、リフトを、再度有効にするまで無効にします。

イベント

> ［🚩］ がクリックされたとき

緑のフラグがクリックされたとき

緑のフラグ（スタート）のブロックがタップされたときに、すべてのプログラムを開始します。

> キューブ ［どれでも ▼］ がタップされたら

キューブ［#]がタップされたら

指定したキューブをタップするたびに、その下位のプログラムが実行されます。

> キューブ ［どれでも ▼］ が移動されたら

キューブ［#]が移動されたら

指定したキューブを移動するたびに、その下位のプログラムが実行されます。

> キューブ ［どれでも ▼］ が見えたら

キューブ［#]が見えたら

指定したキューブをCOZMOが見るたびに、その下位のプログラムが実行されます。

イベント

顔が見えたら
COZMOが顔を見るたびに、その下位のプログラムが実行されます。

笑顔が見えたら
COZMOが笑顔を見るたびに、その下位のプログラムが実行されます。

悲しい顔が見えたら
COZMOが悲しい顔を見るたびに、その下位のプログラムが実行されます。

[メッセージ]を受信したら
別のコードブロックが該当するメッセージを発信するたびに、その下位のプログラムが実行されます。

[メッセージ]を発信
「[メッセージ]を受信したら」ブロックを実行するためのメッセージを発信します。

[メッセージ]を発信し、完了まで待機
「[メッセージ]を受信したら」ブロックを実行するためのメッセージを発信し、「[メッセージ]を受信したら」の下位のプログラムの実行が完了するまで待ちます。

コントロール

[X]秒待機
指定した秒数だけ待ちます。このコマンドが設定されていない場合、プロジェクトは数秒後に自動的に終了します。プロジェクトを終了するまでに少し時間を取りたい時に使用します。

[X]を繰り返す
囲まれたコードを指定した回数繰り返します。

無制限
囲まれたコードをプログラムが停止するまで無制限に繰り返します。

<コンディション>の場合 [A]
<コンディション>で指定した状態が正しい場合、囲まれたコードを実行します。

コマンド一覧 アドバンスモード

コントロール

指定した状態が正しいなら上に囲まれているコードを、間違っている場合は下に囲まれているコードを実行します。

＜コンディション＞の場合
[A]あるいは[B]

指定した状態になるまで待ちます。

＜コンディション＞まで待機

指定した状態になるまで無制限に繰り返します。

＜コンディション＞まで繰り返し

プロジェクト全体のすべてのコードブロックを停止、または指定したスクリプト（処理）を停止します。

[すべて／このスクリプト]を停止

COZMOの動作（運転中、動いているヘッド、リフトを動かす、テキストをしゃべる、アニメーション、すべて）を停止します。

[COZMOの動作]を停止

指定したCOZMOの動作（運転中、動いているヘッド、リフトを動かす、テキストをしゃべる、アニメーション、すべて）が完了するまで次のブロックに移行するのを待ちます。

[COZMOの動作]が
完了するまで待機

COZMOが現在の動作を完了するまで次のブロックへの移行を待機します。デフォルト（初期設定）の状態です。

有効にする：常にCOZMOが
完了するのを待つ

COZMOが現在の動作を完了しなくても次のブロックに移行するようにします。

無効にする：常にCOZMOが
完了するのを待つ

センサー

現在の[年／月／日／曜日／時間／分／秒]を返します。

現在の[時間]

最大の高さを100％として、現在のリフトの高さが何％になるかを返します。

COZMOのリフトの高さ％

センサー

COZMOのヘッドの角度（°）

COZMOのヘッドの角度を度数で返します。-25度が最も下、0度が水平、45度が最も上となります。

COZMOが選んだもの

COZMOが持ち上げられている（空中に浮いている）かどうかを、「真」（正しい）か「偽」（正しくない）で返します。

COZMOの傾き（°）

COZMOの前／後の傾きの角度を度数で返します。負の場合は前に、正の場合は後ろに傾いています。

COZMOの回転（°）

度数で返します。負の場合は右に、正の場合は左に傾いています。

COZMOの向き（°）

COZMOの右／左の向きの角度を返します。負の場合は右に、正の場合は左に傾いています。

ワールド上のCOZMOの位置 [X/Y/Z]

COZMOのもっている位置情報を利用して、指定した座標のどの位置にいるかを返します。

顔が見えるか

COZMOから顔が見えているかどうかを「真」（正しい）か「偽」（正しくない）で返します。

顔の表情

COZMOが見ている顔の表情を「幸せ」「ご機嫌ななめ」「不明」で返します。

顔の名前

COZMOが見ている顔の名前を返します。[おぼえる]で名前を入力した顔でない場合は、空の文字列を返します。

カメラでの顔の位置 [X/Y]

顔が見えたときに、COZMOのカメラの視点からその顔の中心が、指定した2Dの座標のどの位置にあるかを返します。

ワールド上での顔の位置 [X/Y/Z]

顔が見えたときに、COZMOのもっている位置情報で、その顔が指定した座標のどの位置にあるかを返します。

キューブ [#]がタップされたか

指定したキューブがタップされたかどうかを「真」（正しい）か「偽」（正しくない）で返します。

最後にタップされたキューブ

最後にタップされたキューブがどれかを[1/2/3]で返します。

69

センサー

キューブ [1▼] が見えるか

キューブ [#] が見えるか

指定したキューブが見えているかどうかを「真」(正しい) か「偽」(正しくない) で返します。キューブのマーカーがはっきりと見える状態が「真」です。近すぎてはいけません。

カメラでのキューブ [1▼] の傾き (°)

カメラでのキューブ [#] の傾き (°)

指定したキューブがCOZMOのカメラで見たときに、どのくらい前／後に傾いているかを角度の度数で返します。

カメラでのキューブ [1▼] の回転 (°)

カメラでのキューブ [#] の回転 (°)

指定したキューブがCOZMOのカメラで見たときに、どのくらい右／左に傾いているかを角度の度数で返します。

カメラでのキューブ [1▼] の向き (°)

カメラでのキューブ [#] の向き (°)

指定したキューブがCOZMOのカメラで見たときの、右／左の (平らな面にあるかのように) 向きの角度の度数で返します。

カメラでのキューブ [1▼] の位置 [x▼]

カメラでのキューブ [#] の位置 [X/Y]

指定したキューブが見えたとき、COZMOのカメラの視点からキューブの中心が、指定した座標のどの位置にあるかを返します。

ワールド上でのキューブ [1▼] の位置 [x▼]

ワールド上でのキューブ [#] の位置 [X/Y/Z]

指定したキューブが見えたとき、COZMOのワールド上で、キューブの中心が指定した座標のどの位置にあるかを返します。

デバイスの傾き (°)

デバイスの傾き (°)

COZMOと接続しているスマホやタブレットが前／後にどのくらい傾いているかを角度の度数で返します。

デバイスの回転°

デバイスの回転 (°)

COZMOと接続しているスマホやタブレットが右／左にどのくらい傾いているかを角度の度数で返します。

デバイスの向き°

デバイスの向き (°)

COZMOと接続しているスマホやタブレットが右／左の (平らな面にあるかのように) 向きの角度の度数で返します。

ディスプレイ

COZMOの顔に表示

COZMOの顔に表示

COZMOの顔に保留中の画像を表示します。中断 (アニメーション、プログラムの終了、別の画像の表示等) されない限り、画像は30秒間表示されます。

すべてのピクセルをクリア

すべてのピクセルをクリア

COZMOの顔の現在保留中の画像のすべてのピクセルをクリアします。これは、即座にCOZMOの顔のすべてのピクセルをオフにするわけではありません。そうしたい場合は、このコードブロックを使用した後に、[COZMOの顔に表示] を使用します。

ディスプレイ

[0 、 31 に text を描画]

[テキスト]を[X]、[Y]に描画

COZMOの顔のスクリーンの座標[X]、[Y]の位置に、指定した[テキスト]を描画します。スクリーンは、幅128ピクセル、高さ64ピクセルです。指定できる数値は[X]が0〜127、[Y]は0〜63となります。左上角が座標0、0となります。

[テキストの大きさを 100 %に設定]

テキストの大きさを[X]%に設定

COZMOの顔に表示されるテキストの大きさを[X]%に設定します。デフォルト（初期設定）が100%となります。

[テキストの配置を 上▼ 左▼ に設定]

テキストの位置を[上／中央／下]
[左／中央／右]に設定

COZMOの顔に表示されるテキストの位置を調整します。[上／中央／下]は相対的な位置です。[左／中央／右]は、[テキストを描画]ブロックで設定した座標の位置を、テキストの左端とするか、中央にするか、右端にするかを調整します。

[0 、 0 から 127 、 63 に線を描画]

[X]、[Y]から[X2]、[Y2]に
線を描画

座標[X]、[Y]から[X2]、[Y2]に線を描画します。

[0 、 0 から 127 、 63 に長方形を描画]

[X]、[Y]から[X2]、[Y2]に
長方形を描画

座標[X]、[Y]と[X2]、[Y2]を頂点とする長方形を描画します。

[0 、 0 から 127 、 63 に塗りつぶされた長方形を描画]

[X]、[Y]から[X2]、[Y2]に
塗りつぶされた長方形を描画

座標[X]、[Y]と[X2]、[Y2]を頂点とする塗りつぶされた長方形を描画します。

[63 、 31 に半径 32 の円を描画]

[X]、[Y]に半径[Z]の円を描画

座標[X]、[Y]を中心とした、半径[Z]の円を描画します。

[63 、 32 に半径 31 の塗りつぶされた円を描画]

[X]、[Y]に半径[Z]の塗りつぶされた
円を描画

座標[X]、[Y]を中心とした、半径[Z]の塗りつぶされた円を描画します。

[描画モードを ピクセルを描画 ▼ に設定]

描画モードをピクセルの
[描画／消去]に設定

描画モードを変更します。ピクセルを追加したい場合は[描画]に、消去したい場合は[消去]に設定します。

コマンド一覧　アドバンスモード

71

演算子

[X] + [Y]	[X] たす [Y] の値を返します。
[X] - [Y]	[X] ひく [Y] の値を返します。
[X] * [Y]	[X] かける [Y] の値を返します。
[X] / [Y]	[X] わる [Y] の値を返します。
([X] < [Y])	[X] が [Y] より小さければ真 (正しい) となります。
([X] = [Y])	[X] が [Y] に等しい場合は真 (正しい) となります。
([X] > [Y])	[X] が [Y] より大きければ真 (正しい) となります。
かつ **((X)and (Y))**	(X) と (Y) の両方が真 (正しい) であれば真 (正しい) となります。
または **((X)or (Y))**	(X) と (Y)、いずれかが真 (正しい) であれば真 (正しい) となります。
ではない **(not (Y))**	(Y) が偽 (正しくない) の場合は真 (正しい)、真 (正しい) の場合は偽 (正しくない) となります。
1 から 10 までの乱数 **[X]から [Y]ランダムな数字を選ぶ**	[X] から [Y] までの間のランダムな整数を返します (XとYも含まれます)。
を で割った余り **[X] 剰余 [Y]**	[X] を [Y] で割ったときの余りの数を返します。
を四捨五入 **round [X]**	[X] を整数値に四捨五入します。

演算子

[絶対値 ▼ ( )]
[X] の [演算子]

[X] の指定した演算子での値を返します。使用できる演算子に、[絶対値][切り下げ][切り上げ][平方根][sin][cos][tan][asin][acos][atan][ln][log][e^][10^] です。

[anki と cozmo]
[テキスト1]と[テキスト2]を合体させる

[テキスト1]と[テキスト2]で指定した2つの文字の集まりを結合します。

[1 番目(cozmo)の文字]
[テキスト]の文字 [#]

指定した文字の集まりの前から[#]番目の文字を返します。

[cozmo の長さ]
[テキスト]の長さ

指定した文字の集まりの長さ（文字の数）を返します。

[cozmo の長さ]
[テキスト1]に[テキスト2]が含まれる

[テキスト1]で指定した文字の集まりの中に、[テキスト2]の文字の集まりが含まれている場合は真（正しい）となります。

データ

[変数の作成...]
変数の作成

新しく変数のブロックを作成します。

[リストを作る]
リストを作る

新しくリストのブロックを作成します。

コマンド一覧 アドバンスモード

73

ミッション1 まっすぐ進んで180度回転して「こんにちは」と言おう

「進む」はベーシックモードにも登場する基本の動きですが、アドバンスモードでは進む速さや距離を数字で設定できます。同じように、回転する速さや角度も決められます。ミッション1では、さらにベーシックモードでも体験した「話す」と「バックライト」の色を決めるブロックも使ったミッションに挑戦してみましょう。

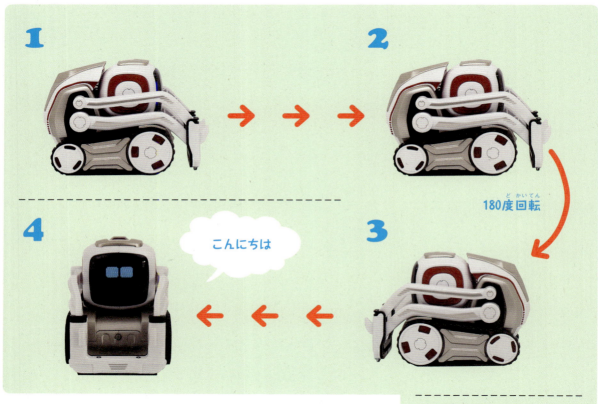

1 毎秒50mm（5cm）ずつ100mm（10cm）進みます。

2 毎秒45度ずつ、180度回転します。

3 1と同様に、毎秒50mm（5cm）ずつ100mm（10cm）進みます。

4 「こんにちは」と言います。

5 バックパックライト（背中のライト）をオレンジ色にします。

74

アドバイス

「アドバンス」モードでは進む速さや距離を数字で設定できます。その方法について、確認しておきましょう。

1 は、「進む」ジャンルの「[Y]mm/sで[X]mm進む」ブロックを使います。1つ目の○には、1秒あたりに進む距離を入力します。「mm」はミリメートル、「s」は秒（second）を表しています。例えば「30」と設定すると、1秒あたりに30mm（3cm）進みます。
2つ目の○には、移動の距離を設定します。「120」と設定すると、120mm（12cm）移動します。
つまり「1秒あたり30mmの速度で、全部で120mm進む」というプログラムになり、4秒で120mm進みます。

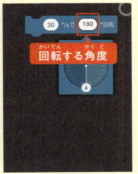

2 は「進む」ジャンルの「[Y]°/sで[X]°回転」ブロックを使います。1つ目の○には、1秒あたりに回転する角度を入力します。「°」は度、「s」は秒（second）を表しています。例えば「30」と設定すると、1秒あたりに30度回転します。
2つ目の○には、回転する角度を設定します。「180」と設定すると、180度回転して真後ろを向きます。
つまり「1秒あたり30度回転して、全部で180度回転する」というプログラムになり、6秒で180度回転します。

メモ

回転角度に「90」と設定すると、右方向に90度回転します。左方向に回転させたいときは、「負の数」（マイナスの記号をつけた数字）を入力しましょう。例えば「-90」と設定すると、左方向に90度回転します。

4、5ではそれぞれ「アクション」ジャンルの「[テキスト]と言う」ブロックと、「バックパックライトを設定する[色]」ブロックを使います。
ここで確認したことを組み合わせてプログラムを作り、ミッションにチャレンジしましょう！

メモ

それぞれのブロックを実行したときに、COZMOがどのような動きをするのか試したいときは、ブロックごとに試すことができます。数字や文字を設定したブロックを直接タップしてください。

ミッション1 クリア!

プログラムのポイント解説
進む速さや距離を数字で設定するのがポイント

「進む」ブロックに数字を設定

緑のフラッグのブロックに、「進む」ジャンルの「[Y]mm/sで[X]mm進む」ブロックをドラッグしてつなげます。

最初の数字部分をタップして「50」にします。

次の数字部分をタップして「100」にします。これで、「1秒あたり50mmの速度で、全部で100mm進む」を設定できました。

「回転」ブロックに数字を設定

「進む」ジャンルの「[Y]°/sで[X]°回転」ブロックをつなげます。

最初の数字部分をタップして「45」にします。

次の数字部分をタップして「180」にします。これで、「1秒あたり45度回転して、全部で180度回転する」を設定できました。これに続けて、もう1度、1つ目のブロックと同じ「[Y]mm/sで[X]mm進む」ブロックをつなげて、「[50]mm/sで[100]mm進む」に設定します。

しゃべる言葉を入力

「アクション」ジャンルの「[テキスト]と言う」ブロックをつなげます。

> **メモ**
> ミッションは最初に入力されている「こんにちは」をしゃべらせればOKですが、「おはよう」や「はじめまして」など、ほかの言葉を入力してしゃべらせることもできます。

バックパックライトの色を設定

「アクション」ジャンルの「バックパックライトを設定する[色]」ブロックをつなげます。

色をタップして、オレンジ色を設定します。

もっとチャレンジ

ミッションをクリアできたら、次のようなプログラムにもチャレンジしてみましょう。
・移動速度をもっと速くしてみましょう。
・移動速度をもっと遅くしてみましょう。
・「こんにちは」以外の言葉をしゃべらせてみましょう。
・バックパックライトの色を赤や青、緑にしてみましょう。

アドバンスモードでミッションに挑戦

77

ミッション 2 「Hello」としゃべって顔に「Hello」と表示しよう

COZMOの顔（スクリーン）には、豊かな表情が表示されます。アドバンスモードでは、表情以外にも文字を表示したり、図形を描いたりすることができます。今回のミッションでは、「Hello」としゃべったあとに、「Hello」の文字を表示しましょう。

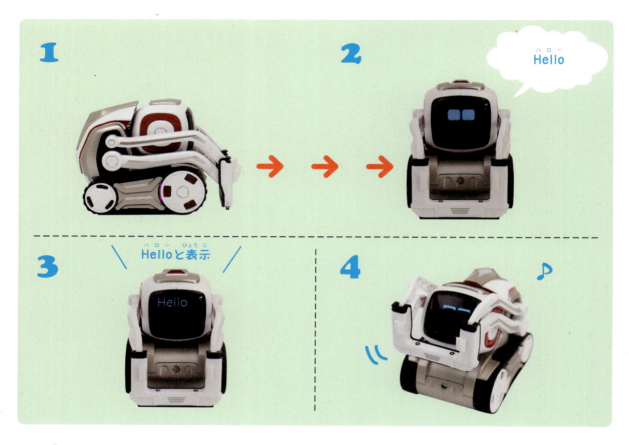

1 毎秒80mm（8ｃm）で80mm（8ｃm）進みます。

2 「Hello」と言います。

3 顔の左上から「Hello」の文字を表示して、6秒待ちます。

4 表情と動きで幸せなようすを表現します。

アドバイス

COZMOの顔（スクリーン）に文字を表示する方法を確認しておきましょう。まず、顔に何も表示されていない状態にクリア（消去）します。そのあと、表示する位置と文字を決めて、表示を実行する流れになります。

顔に何かを表示するときには、いま表示されている内容をいったん消すために、「ディスプレイ」ジャンルの「すべてのピクセルをクリア」を実行します。「ピクセル」とは、表示される画像の最小単位です。

「ディスプレイ」ジャンルの「[テキスト]を[X]、[Y]に描画」ブロックで表示する位置と文字を設定します。

ヒント

表示する位置は、左上が「0、0」です。左の数字が横方向、右の数字が縦方向を表しています。「10、0」のようにすると、表示位置が右に移動します。「0、10」のようにすると、表示位置が下に移動します。「10、10」のようにすれば、縦横両方の位置を決められます。

● COZMOの顔のスクリーンサイズ

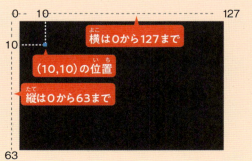

描画する内容を設定しただけでは、COZMOの顔に表示されません。「ディスプレイ」ジャンルの「COZMOの顔に表示」ブロックを使います。

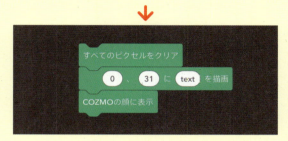

3つのブロックをつなぐと、このようになります。

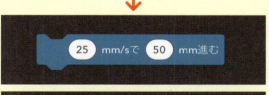

今回のミッションでは、ほかにもこれらのブロックを使います。「アニメーション」ジャンルの「[アニメーション名]アニメーションを再生」ブロックでは、「幸せ」や「勝利」など、COZMOの表情や動きを選ぶことができます。

ミッション2 クリア！

プログラムのポイント解説
描画をクリア、位置と文字の指定、表示のブロックを使うのがポイント

「進む」ブロックに数字を設定

緑のフラッグのブロックに、「進む」ジャンルの「[Y]mm/sで[X]mm進む」ブロックをつなげます。最初の数字部分をタップして、「80」にします。次の数字部分をタップして、「80」にします。これで、「1秒あたり80mmの速度で、全部で80mm進む」を設定できました。

「Hello」としゃべる言葉を入力

「アクション」ジャンルの「[テキスト]と言う」ブロックに「Hello」と入力します。COZMOは、英語も日本語も話せます。アルファベットを入力するときは、をタップしてキーを切り替えます。

メモ
キーをタップすると、アルファベットの大文字と小文字を切り替えられます。

COZMOの顔に文字を表示

「ディスプレイ」ジャンルの「すべてのピクセルをクリア」ブロックに続けて、「[テキスト]を[X]、[Y]に描画」ブロックを並べます。表示位置は左上が「0、0」です。ミッションでは左上から文字を表示するので、「0、0」にしています。描画する文字は「Hello」です。79ページのアドバイスも参考にしてください。

最後に、「ディスプレイ」ジャンルの「COZMOの顔に表示」ブロックをつなげると、COZMOの顔に表示できるようになります。このブロックを忘れると表示が実行されません。

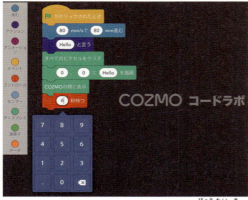

「コントロール」ジャンルの「[X]秒待機」ブロックをつなげます。顔に文字を6秒間表示するために、数字部分をタップして「6」に設定します。

COZMOの感情を表情と動きで表現する

「幸せ」を表現するための表情と動きは、「アニメーション」を使います。「アニメーション」ジャンルの「[アニメーション名]アニメーションを再生」ブロックをつなげます。

アニメーション名をタップしてメニューを表示し、「1−幸せ」を選びます。ほかにも、「2−勝利」や「3−悲しい」などの感情を表せます。

もっとチャレンジ

ミッションをクリアできたら、次のようなプログラムにもチャレンジしてみましょう。

・しゃべる言葉を変えてみましょう。
・文字を表示する位置を変えてみましょう。
・別の言葉を表示してみましょう。
・文字を表示する時間を長くしたり、短くしたりしてみましょう。
・ほかのアニメーションを再生してみましょう。

COZMOの顔に円を2つ描いて表示しよう

ミッション3

ミッション2ではCOZMOの顔に文字を表示しました。ミッション3では、図形を描きます。目の位置に円を描くことで、いつものCOZMOと違う顔にしてみましょう。

1 | 顔（スクリーン）の表示をクリアします。

2 | 「30、32」を中心に、半径16の塗りつぶした円を描きます。

3 | 「97、32」を中心に、半径16の塗りつぶした円を描きます。

4 | 10秒間表示します。

アドバイス

COZMOの顔に図形を表示するときも、文字と同じようにいったん顔に何も表示されていない状態に、クリア（消去）します。そのあとに図形を表示する位置と大きさを決めて、表示を実行する流れになります。

顔に何かを表示するときには、いま表示されている内容をいったん消すために、「ディスプレイ」ジャンルの「すべてのピクセルをクリア」を実行します。

↓

ここでは、塗りつぶした円を描くので、「ディスプレイ」ジャンルの「[X]、[Y] に半径 [Z] の塗りつぶされた円を描画」ブロックで円の中心の位置と円の半径を設定します。

ヒント

表示する位置は、左上が「0、0」です。左の数字が横方向、右の数字が縦方向を表しています。「10、0」のようにすると、表示位置が右に移動します。「0、10」のようにすると、表示位置が下に移動します。「10、10」のようにすれば、縦横両方の位置を決められます。

● COZMOの顔のスクリーンサイズ

描画した内容をCOZMOの顔に表示するには、「ディスプレイ」ジャンルの「COZMOの顔に表示」ブロックを使います。

↓

3つのブロックをつなぐと、このようになります。

↓

今回のミッションでは、ほかに「コントロール」ジャンルの「[X]秒待機」を使っています。

メモ

COZMOの顔に描画するときは、「すべてのピクセルをクリア」と「COZMOの顔に表示」ブロックをセットで使うことが基本です。ブロックを使うのを忘れないようにしましょう。ピクセルをクリア→描画→表示という流れで、1つのプログラムになります。

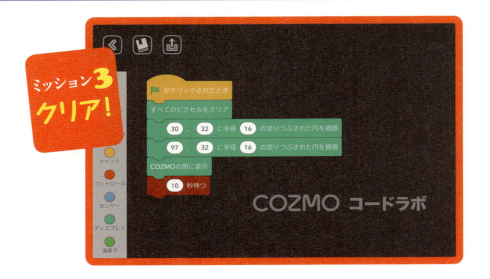

プログラムのポイント解説
描画する円の中心と半径を設定するのがポイント

COZMOの顔に円を表示

緑のフラッグのブロックに、「ディスプレイ」ジャンルの「すべてのピクセルをクリア」ブロックをつなげます。

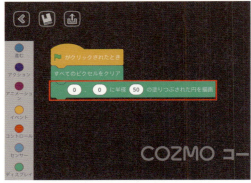

続けて、「ディスプレイ」ジャンルの「[X]、[Y]に半径[Z]の塗りつぶされた円を描画」ブロックをつなげます。

1つ目の円は、中心を「30、32」、半径を「16」にします。

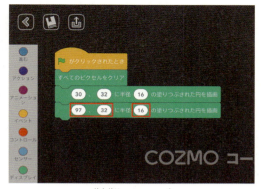

「[X]、[Y]に半径[Z]の塗りつぶされた円を描画」ブロックをもう1つつなげます。2つ目の円は、中心を「97、32」、半径を「16」にします。

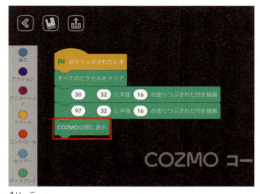

最後に、「ディスプレイ」ジャンルの「COZMOの顔に表示」ブロックをつなげると、COZMOの顔に表示できるようになります。

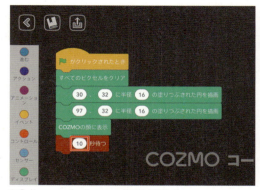

表示した文字を10秒間表示するために、「コントロール」ジャンルの「[X]秒待機」ブロックを追加して、「10」を設定します。

もっとチャレンジ

ミッションをクリアできたら、次のようなプログラムにもチャレンジしてみましょう。
・COZMOの顔に四角を描いてみましょう。
・COZMOの顔に線を描いてみましょう。

メモ

COZMOの顔（スクリーン）のサイズは、左上角（0）から右方向に127ピクセル、下方向に63ピクセルです。この範囲で、COZMOの表情をさまざまに表現しましょう。

ミッション 4 COZMOを30度より大きく傾けたらバックパックライトを赤色、それ未満なら青色にしよう

COZMOにはさまざまなセンサーが搭載されていて、COZMOの傾きやリフトの高さなどを検出できます。それを利用して、COZMOを30度より大きく傾けたらバックパックライトを赤色に、それ未満なら青色になるようにしましょう。今回のミッションは手ごわいです。右ページの「アドバイス」も参考にして、がんばってチャレンジしてください！

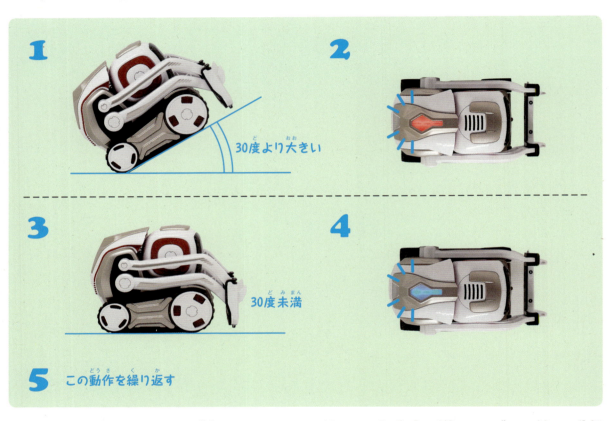

1. 「＜コンディション＞の場合［A］」ブロックを使って、COZMOの傾きが30度より大きい場合の条件を設定します。

2. 1の条件を満たしている場合、バックパックライトを赤色に設定します。

3. 「＜コンディション＞の場合［A］」を使って、COZMOの傾きが30度未満の条件を設定します。

4. 3の条件を満たしている場合、バックパックライトを青色に設定します。

5. この操作を「無制限」繰り返します。

アドバイス

「コントロール」ジャンルの「<コンディション>の場合[A]」ブロックを使うことで、条件によって動作するプログラムを変えること(条件の分岐)ができます。ここでは、COZMOに内蔵のセンサーを使って、COZMOを30度より大きく傾けたらバックパックライトを赤色に、30度未満なら青色になるようにします。角度に応じたCOZMOの反応の違いは、「演算子」ジャンルの「([X]>[Y])」「([X]<[Y])」ブロックを使います。

「センサー」ジャンルの「COZMOの傾き(°)」ブロックを使うと、COZMOに内蔵のセンサーを利用して、傾きの角度を検出します。

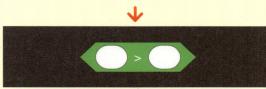

「演算子」メニューには、+-×÷や<>など計算の記号があります。ここでは、「より大きい」と「未満」を表す「([X]>[Y])」と「([X]<[Y])」ブロックを使います。これにより、COZMOの傾きが何度になるかで、処理の方法を変えます。

メモ

「>」記号は「〜は〜より大きい(大なり)」と読み、記号の左のほうが右より大きいことを表します。「A>B」の場合「AはBより大きい」となります。
「<」記号は「〜はより小さい(小なり)」と読み、記号の左のほうが右より小さいことを表します。「A<B」の場合「AはBより小さい」となります。

条件の分岐は、「コントロール」ジャンルの「<コンディション>の場合[A]」ブロックを使います。「もし〇〇なら」の[〇〇]のところに、条件を設定します。

メモ

条件の分岐とは、条件によって処理を分けることです。このブロックを使うことで、「〇〇の場合は笑い、××の場合は怒る」というように、状況に応じたプログラムを作ることができます。

下の隙間の部分に、実行する操作のブロックを入れます。ここでは、「アクション」ジャンルの「バックパックライトを設定する[色]」ブロックを入れます。

COZMOのセンサーが常に反応してくれるように、「コントロール」ジャンルの「無制限」ブロックを使います。画面右の ■(停止ボタン)をタップするまで、COZMOの傾きに応じた反応があります。

ミッション4 クリア！

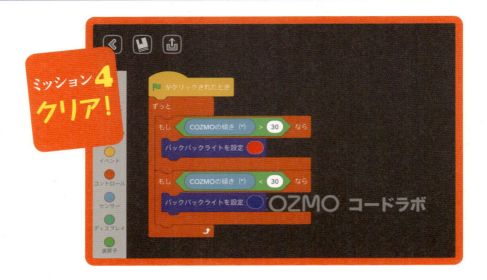

プログラムのポイント解説
「もし～なら」の条件分けを使いこなすのがポイント

COZMOの傾きが30度より大きいときの設定

緑のフラッグのブロックに、「コントロール」ジャンルの「＜コンディション＞の場合 [A]」ブロックをつなげます。

条件の設定には、「演算子」メニューの「([X] > [Y])」ブロックを使います。左に、「センサー」ジャンルの「COZMOの傾き(°)」ブロックを入れ、右に「30」を設定します。これで、「COZMOの傾きが30度より大きい場合」という条件を設定できました。

続いて下の隙間部分に、実行する操作として「アクション」ジャンルの「バックパックライトを設定する [色]」ブロックを入れ、赤色を設定します。ここまでのブロックの組み合わせにより、「COZMOの傾きが30度より大きい場合、バックパックライトを赤色にする」というプログラムになります。

メモ
「演算子」メニューの「([X] = [Y])」ブロックを使えば、COZMOの傾きが30度ピッタリのときのバックパックライトの色も設定できます。

COZMOの傾きが30度未満の設定

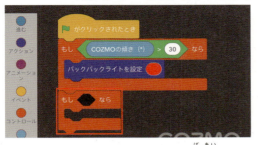

さらに、「＜コンディション＞の場合［A］」ブロックをつなげます。

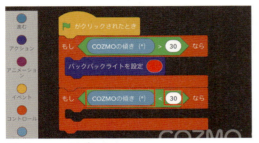

今度は、「演算子」ジャンルの「（［X］＜［Y］）」ブロックを使います。左に、「センサー」ジャンルの「COZMOの傾き（°）」ブロックを入れ、右に「30」を設定します。これで、「COZMOの傾きが30度未満の場合」という条件を設定できました。

続いて下の隙間部分に、「アクション」ジャンルの「バックパックライトを設定する［色］」ブロックを入れ、青色を設定します。ここまでのブロックの組み合わせにより、「COZMOの傾きが30度未満の場合、バックパックライトを青色にする」というプログラムになります。

「無制限」で繰り返す

「コントロール」ジャンルの「無制限」ブロックを、緑のフラッグのブロックのすぐ下につなげるようにドロップすると、先に設定した条件全体が囲まれるように配置されます。これで、■（停止ボタン）をタップするまで、処理を無制限に繰り返します。

もっとチャレンジ

ミッションをクリアできたら、次のようなプログラムにもチャレンジしてみましょう。

・演算子の数字を変えて、バックパックライトの色が変わるタイミングを変えてみましょう。

・バックパックライトの色をほかの色にしてみましょう。

・COZMOが回転したときにバックパックライトの色が変わるようにしてみましょう。

ミッション 5
青と緑のキューブを見せたら喜んで、赤のキューブを見せたらくしゃみをしよう

まず、3つのキューブのライトをそれぞれ青、緑、赤色に光らせます。続いて、COZMOのセンサーを使って、見せたキューブの色に応じた反応をさせます。3つのキューブに対して、反応は2種類です。同じプログラムを繰り返し入力するのではなく、反応を表すプログラムは別のグループにしておいて、「メッセージ」のブロックから呼び出すようにしましょう。

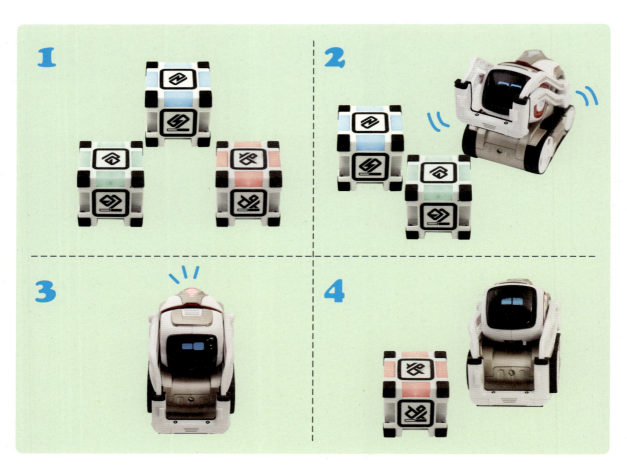

1 キューブ1〜3のライトをそれぞれ、青、緑、赤にします。

2 COZMOにキューブ1（青）と2（緑）を見せたら、メッセージを送って幸せなようすを表現します。

3 幸せを表現したあとに、バックパックライトを赤、青、黄色にそれぞれ0.3秒ずつ光らせる操作を2回繰り返します。

4 キューブ3（赤）を見せたら、メッセージを送って「くしゃみ」をします。

90

アドバイス

今回のポイントは、緑のフラッグのブロックをタップして実行する基本のプログラム以外に、別のグループでプログラムを作ることです。基本プログラムで「メッセージ」を発信し、別のグループで「メッセージ」を受信することで実行できます。グループのプログラム（下位プログラム）を実行したあとは、元の基本プログラムに戻ります。

「アクション」ジャンルの「キューブ[#]の[すべてのライト/ライト#]を[色]に設定」ブロックで、キューブ1〜3のライトの色をそれぞれ設定します。

メッセージの発信で別のグループのプログラムを実行します。「コントロール」ジャンルの「＜コンディション＞の場合[A]」ブロックに、「センサー」ジャンルの「キューブ[#]が見えるか」ブロックを入れて、見えたら「イベント」ジャンルの「[メッセージ]を発信し完了まで待機」ブロックを使います。

グループのプログラムでは、メッセージを受信したら実行することを決めます。ここでは、「アニメーション」ジャンルの「[アニメーション名]アニメーションを再生」で「幸せ」のアニメーションを実行後、バックパックライトを赤、青、黄色にそれぞれ0.3秒ずつ光らせる操作を2回繰り返します。

もう1つのグループは、「くしゃみ」アニメーションを再生します。

COZMOが常に反応してくれるように、「コントロール」ジャンルの「無制限」ブロックを使います。■（停止ボタン）をタップするまで、キューブを見せたときに反応します。

ヒント

「発信」と「受信」ブロックを使えば、条件によって別のグループのプログラム（下位プログラム）を実行できます。「Aの場合はグループ1のプログラムを実行し、Bの場合はグループ2のプログラムを実行する」というプログラムを作ることができます。発信と受信のブロックはセットで使います。

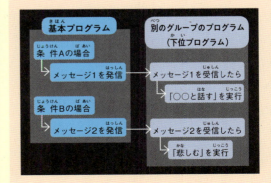

ミッション5 クリア！

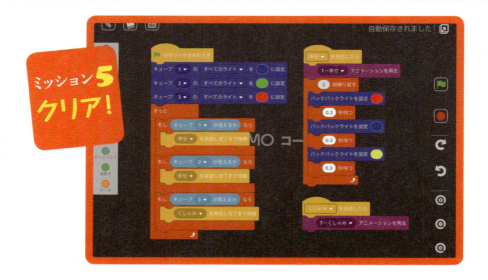

プログラムのポイント解説

COZMOが見たキューブの色に応じて「メッセージ」を発信することがポイント

キューブ1〜3のライトの色を設定

「アクション」ジャンルの「キューブ [#] の [すべてのライト／ライト #] を [色] に設定」ブロックで、まずキューブ1のライトの色を設定します。キューブ1は青に設定します。

キューブ2のライトの色を緑に設定します。

キューブ3のライトの色を赤に設定します。

見たキューブに応じた処理の分岐

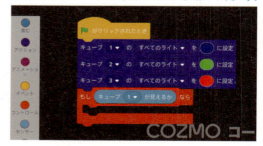

「コントロール」ジャンルの「＜コンディション＞の場合 [A]」ブロックに、「センサー」ジャンルの「キューブ [#] が見えるか」ブロックを入れて、COZMOが見たキューブの色に応じた処理を設定します。

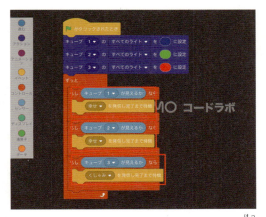

「イベント」ジャンルの「[メッセージ] を発信し、完了まで待機」ブロックでメッセージを発信します。「メッセージ1」をタップして「新しいメッセージ」を選択し、メッセージ（ここでは「幸せ」）を入力してください。メッセージの発信先で処理が完了すると、次の処理に移ります。「コントロール」ジャンルの「無制限」ブロックで全体を囲んで、処理を繰り返します。

メモ
メッセージは「メッセージ1」「メッセージ2」でもかまいませんが、「幸せ」や「くしゃみ」のように、処理の内容が分かりやすいものにしておくとよいでしょう。

幸せの表現

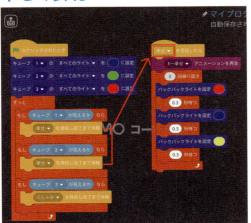

グループのプログラム（下位プログラム）を作ります。「イベント」ジャンルの「[メッセージ] を受信したら」で、発信メッセージの1つ「幸せ」を設定します。「幸せ」のアニメーションを再生したあとに、バックパックライトを赤、青、黄色の順に光らせます。光る間隔は0.3秒ごとで、点滅を2回繰り返します。

くしゃみの表現

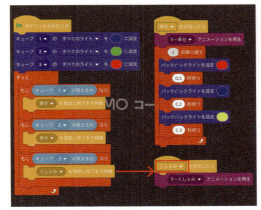

もう1つのグループのプログラムで、2つ目の発信メッセージ「くしゃみ」を設定します。「くしゃみ」のアニメーションを再生します。

もっとチャレンジ
ミッションをクリアできたら、次のようなプログラムにもチャレンジしてみましょう。
・キューブとメッセージの発信先の組み合わせを変えてみましょう。
・キューブの色を変えてみましょう。
・メッセージで実行する内容を変更してみましょう。

アドバンスモードでミッションに挑戦

COZMOの遊び方　Q&A

COZMOと遊んでいて、使い方が分からないときには、このページを見てください。よくある質問にお答えします。

COZMOの電源がオンにならない

COZMOの電源をオンにするには、充電ドックの上に置きます。このとき、充電ドックのUSBケーブルがACアダプターにつながり、電源コンセントにつながっていることを確認しましょう。

メモ
COZMOをスリープさせるときも、充電ドックの上に置きます。このときも、電源コンセントにつながっていることを確認しましょう。なお、COZMOをしばらく使わないときには、電源コンセントからアダプターを抜いて、充電しすぎないようにしましょう。

メモ
ACアダプターは別売です。スマホ用のACアダプターが使用可能です。おすすめのACアダプターはこちらで見ることができます。
http://www.takaratomy.co.jp/products/cozmo/adapter/

COZMOに接続するためのパスワードが分からない

COZMOにWi-Fi接続するためのパスワードは、リフトを上下すると表示されます。15の数字と、2つの"－"をふくめた、17の文字がパスワードです。

キューブにつながらない

キューブにつながりにくいときは、「一般設定」画面の「キューブの更新」をタップしてください。

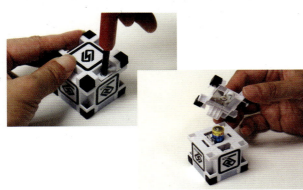

それでもつながらないときには、電池を交換してみてください。ドライバーを使ってキューブのネジを抜いてカバーを開けたら、単5アルカリ乾電池を入れ替えます。
※＋、－の向きを間違えないよう注意してください。

COZMOの記憶を消去したい

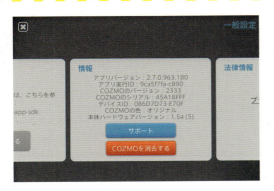

もしも、COZMOを最初の状態に戻したいときには、COZMOを消去することができます。ただし、これまでに覚えた名前や顔の情報もすべて忘れてしまうので、しっかり確認してください。「一般設定」画面で「COZMOを消去する」をタップします。このあと確認画面が表示されたら、しっかり確認して、「消去」を長押しします。

COZMOの操作に関する問い合わせ先は、タカラトミーです。ホームページからメールを送るか、電話をかけて問い合わせることができます。

[サポートページ] http://www.takaratomy.co.jp/support/
[電話] 0570－041031（土日祝日を除く平日10時〜17時）

● 「COZMO」の操作に関するご質問は、株式会社タカラトミー　お客様サポートにお問い合わせください。

● その他、本書で紹介したインターネットのサービス、アプリ、ソフトウェアに関するご質問は、各プロバイダー、メーカー、開発元の担当部署にお尋ねください。

● 本書の内容に関する感想、お問い合わせは、下記のメールアドレス、あるいはFAX番号あてにお願いいたします。電話によるお問い合わせには、応じかねます。

メールアドレス◆ mail@jam-house.co.jp　**FAX番号◆** 03-6277-0581

● 本書に掲載している情報は、本書作成時点の内容です。ホームページアドレス（URL）やアプリの価格、サービス内容は変更となる可能性があります。

● 本書の内容に基づく運用結果について、弊社は責任を負いません。ご了承ください。

● 万一、乱丁・落丁本などの不良がございましたら、お手数ですが弊社までご送付ください。送料は弊社負担でお取り替えいたします。

COZMOと学ぶプログラミング
2018年8月31日　初版第1刷発行

著者	ジャムハウス編集部
発行人	池田利夫
発行所	株式会社ジャムハウス
	〒170-0004　東京都豊島区北大塚 2-3-12
	ライオンズマンション大塚角萬 302号室
カバー・本文デザイン	船田久美子
DTP	神田美智子
印刷・製本	シナノ書籍印刷株式会社

ISBN　978-4-906768-55-4
© 2018
JamHouse
Printed in Japan